昆虫学校秘密档案

错综复杂食物链

纸上魔方 编绘

北方妇女儿童出版社
·长春·

神奇的昆虫王国

地球上的昆虫共同组成了一个庞大的家族，这些昆虫四处安家，踪迹几乎遍及全世界各个角落。

我们常见的昆虫体形小巧，却有着异常顽强的生命力。什么原因使得它们经久不亡？它们怎样相亲、找对象？它们怎样享受丰盛的宴席？它们有着哪些奇妙的本领？昆虫世界会不会发生激烈大混战……让我们一同探究神秘的昆虫王国吧！

古时候昆虫长什么样？

地球上最早的昆虫大约出现在距今4亿年前，也就是古生代时期。时光转到中生代，长翅膀的昆虫出现了。据说，原始蜻蜓体格非常健壮，它双翅展开的长度已经超过70厘米。这是因为，当时大地上不仅植物生长旺盛，而且敌对生物种类稀少，如此自然环境十分有利于昆虫的生息繁衍。

但是，漫长的岁月长河里，昆虫的敌人越来越多了，为了躲避种种致命追击，它们逐渐把自己的身体变小了。

昆虫和虫子是一回事吗？

答案显然是否定的，昆虫绝不等于虫子，准确地说，虫子的概念比昆虫大，而且不止大上一点点。我们说蜘蛛是虫子，但它不是昆虫。因为蜘蛛只有脑袋和胸部，它没有肚子，昆虫有肚子；蜘蛛有8条腿，昆虫只有6条腿。

漂亮的虎凤蝶为啥要装死？瓢虫怎样度过寒冷的冬天？黏虫大迁徙有着怎样的危害？飞蛾为啥要扑火……昆虫家族的秘密，你究竟了解多少呢？

昆虫也有自己的王国?

目前世界上已知的昆虫种类超过了100万种，它们堪称是一个庞大的部落。我们最常见到的甲虫，种类就超过了33万种。如果按照进食特点划分，可以把昆虫分为：植食性、肉食性、腐食性、粪食性等类别。

植食性昆虫如：蝗虫、蟋蟀、蝼蛄。

肉食性昆虫如：蚂蚁、螳螂。

腐食性昆虫如：苍蝇。

粪食性昆虫如：粪金龟、蜣螂。

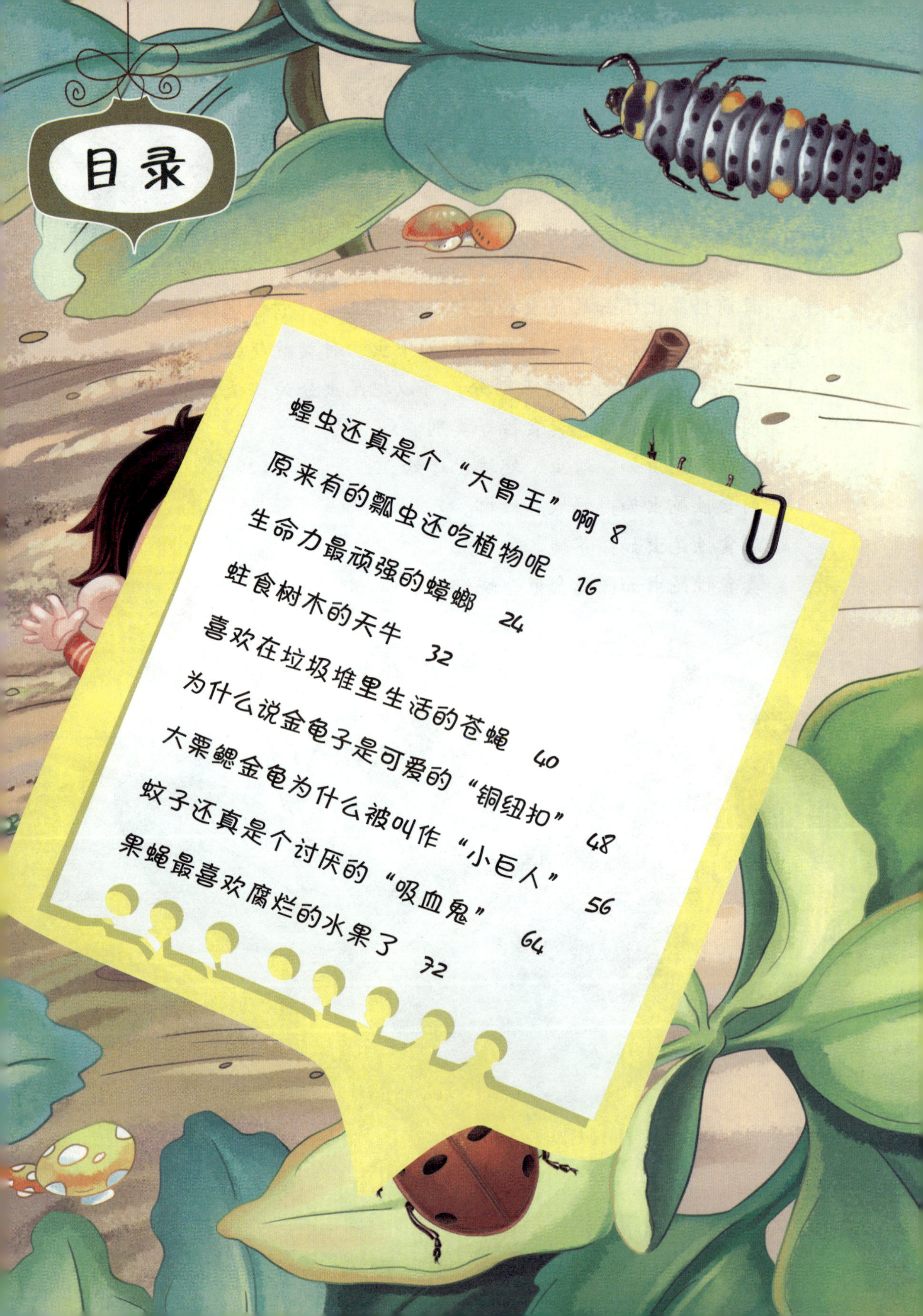

目录

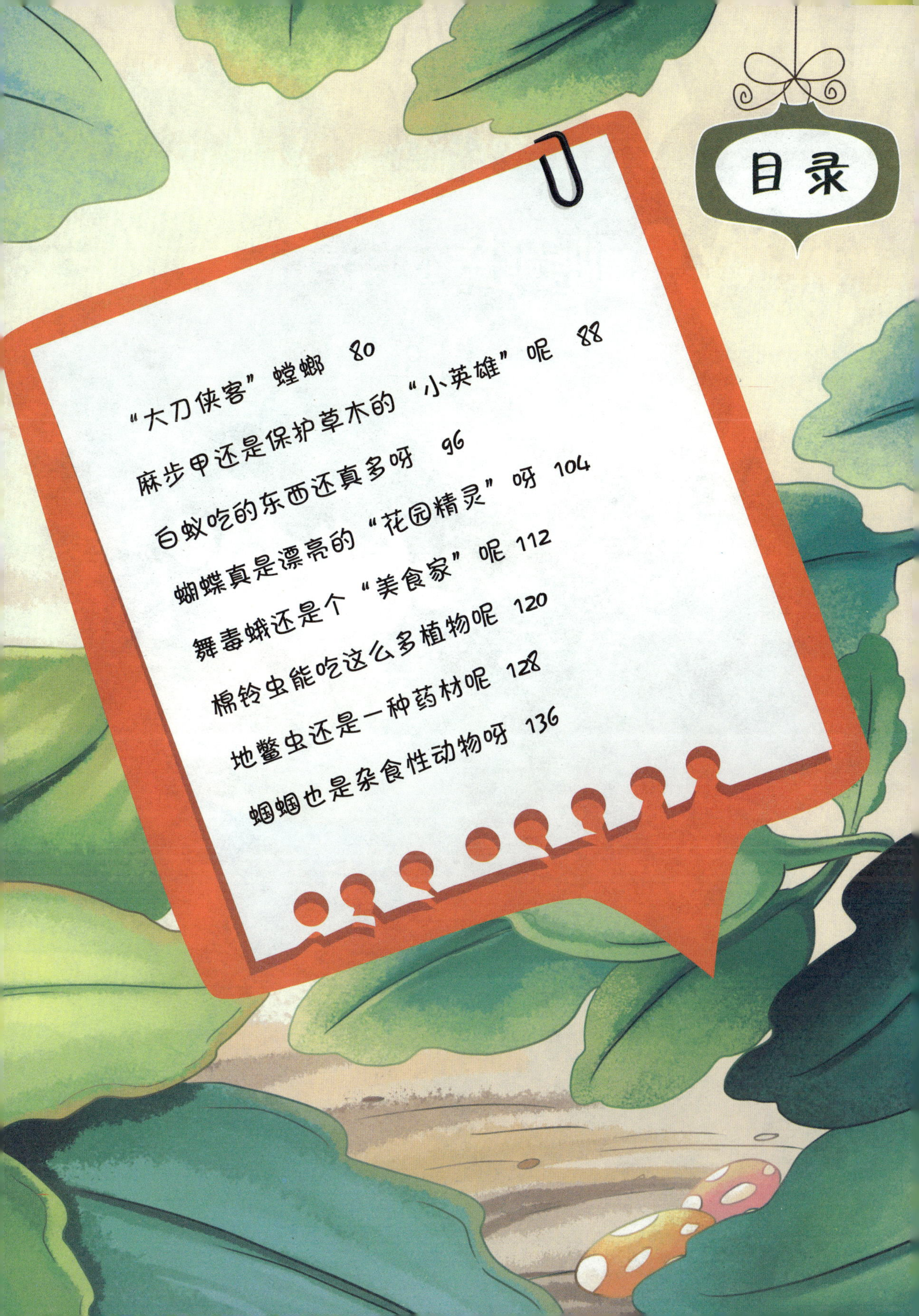

目录

蝗虫还真是个
“大胃王”啊

观察笔记

食物：空心菜、白菜等绿色植物的叶子

居住地：草丛中、庄稼地、灌木丛中

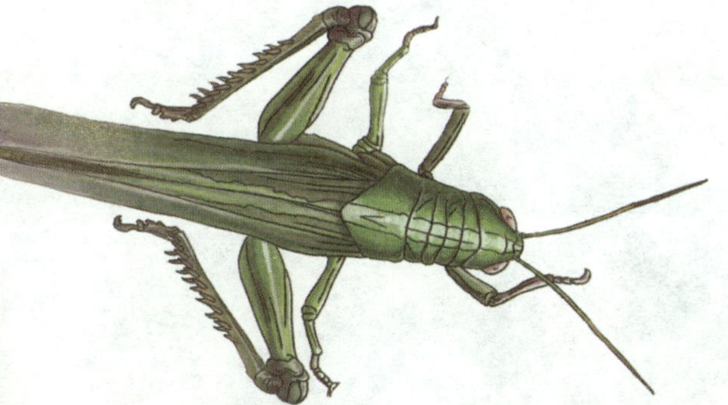

蝗虫，俗称蚂蚱、蚱蜢，是一种分布很广、生命力很顽强的昆虫。它们成年之后有着强壮的后腿，还有薄薄的翅膀，既能跳跃，又能飞行。蝗虫的饭量很大，对植物来说是一种害虫，是庄稼的天敌。

蝗虫觅食时用触角辨别气味，闻到能吃的植物气息就飞扑上去，两个前爪紧紧抱住植物的叶片，用有力的口器一口一口地啃食叶子。

蝗虫喜欢吃绿色植物的叶片，像芦苇、稗草、白茅、狗牙草和海蓬子等都是其喜欢的食物。

蝗虫还喜欢吃玉米、小麦、高粱等，对庄稼的破坏性很大。

干旱时期，大片大片的蝗虫会结伴而飞，落进田里，几乎是一瞬间就能把所有的绿色植物啃食干净，让庄稼颗粒无收。

大多数种类的蝗虫以绿色植物为食，但也有一些种类的蝗虫是杂食性的，不但吃植物，还吃一些昆虫的尸体，甚至连同类的尸体也不放过。

蝗虫的食量特别大，是一般昆虫望尘莫及的，可以说是名副其实的“大胃王”。

蝗虫身体构造

触角

根据种类，有长角蝗虫和短角蝗虫之分。触角上有嗅觉器官，能够感知周边环境。

口器

为咀嚼式口器，上颚坚硬，适于咀嚼。

复眼

有一对儿复眼，是主要的视觉器官，能辨认物体大小。

头部

头部细短。颈部能使头部能灵活转动。

胸部

腹部有一对儿半月形的薄膜，是蝗虫的听觉器官。在腹部两侧排列得很整齐的两行小孔，就是气门。气门是气体出入蝗虫身体的门户。

腹部

前胸背板坚硬，像马鞍一样向左右延伸到两侧，中、后胸则不能活动。

翅膀

前翅为角翅，后翅为膜翅。前翅发达，有暗色斑纹和光泽，后翅透明。雄虫能够用左右翅和后腿相互摩擦，发出乐器一般的声音来吸引雌虫。

请把蝗虫和它的食物准确连线

原来有的瓢虫还吃植物呢

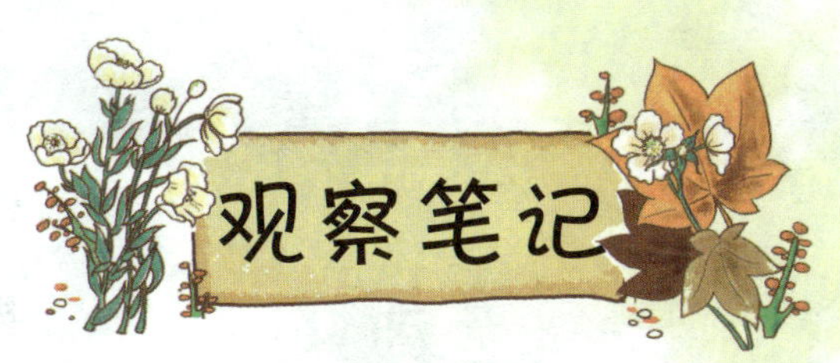

观察笔记

食物：蚜虫等害虫，某些植物

居住地：叶片上

我们平时见到的瓢虫大多都是七星瓢虫。所以，在我们的印象中，瓢虫都是益虫，但事实却不是这样的。瓢虫的种类很多，有几千种。有的瓢虫是害虫，专门吃植物，比如马铃薯瓢虫；也有的瓢虫是益虫，专门捕食一些小害虫，如捕食蚜虫的七星瓢虫。

瓢虫因为其形状比较像葫芦瓢，所以被称为瓢虫。

鞘翅上闪光发亮的是有益的瓢虫，鞘翅上有密集绒毛的是有害的瓢虫。因为种类不同，所以瓢虫的食性也有一定的区别。

七星瓢虫和异色瓢虫都是著名的天敌昆虫，会捕食任何肉质嫩软的昆虫。但它们最喜欢吃的还是蚜虫，每天能捕捉几百只。此外，它们还会捕食介壳虫、木虱等害虫。

一般来说，只要是没有盔甲或者其他保护外套，身体柔软、体形比较小的昆虫，都可能成为瓢虫的美食。现在，农民伯伯还经常用这些瓢虫来防治危害农作物的蚜虫呢！因此可以说，这些瓢虫是植物忠诚的卫士。

瓢虫身体构造

触角

一对儿触角。触角是瓢虫的嗅觉、听觉感受器。

口器

为黑色的刺吸式口器。

复眼

有一对儿复眼，是主要的视觉器官，能辨认物体大小。

胸部

位于头部和腹部之间，分为前胸、中胸和后胸，前胸背板黑色，腹板突窄而下陷。中胸的后侧片呈白色。每一个胸节上都有一对儿足。

腹部

其腹面呈黑色。

翅膀

鞘翅呈橘红色，上面有斑点。

足

足短。它的脚关节处能分泌一种极其难闻的黄色液体，可以击退敌人。

请把瓢虫和它的食物准确连线

生命力最顽强的
蟑螂

食物：面包、米饭等，尤其是甜的食物

居住地：垃圾堆、下水道、墙缝中

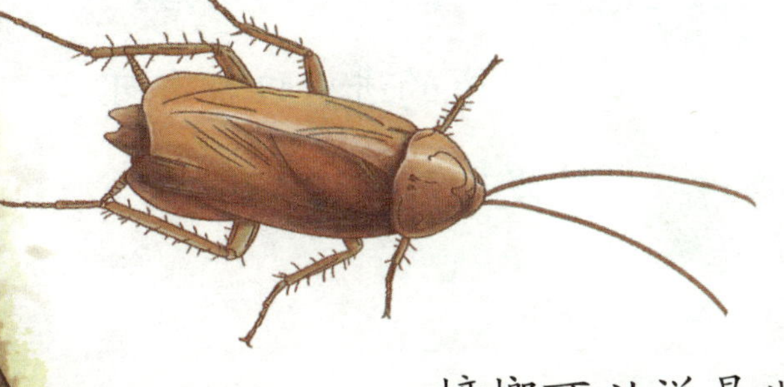

蟑螂可以说是世界上生命力最顽强的物种了。它是地球上最古老的昆虫之一，据说比陆地上出现的最早诞生的恐龙还要早一亿年呢。身体庞大的恐龙不能适应环境的变化，灭绝了，可小小的蟑螂却熬过了可怕的环境剧变，躲过了人类长期以来对它们的“追杀”，依靠让人震惊的进化能力，一直顽强地活在地球上。

蟑螂是比较常见的昆虫，在厨房的角落、下水道的进出口都有可能发现其踪迹。

蟑螂几乎能吃人类的所有食物，包括米饭、面包、糕点、荤素熟食、水果以及饮料，有些蟑螂甚至喜欢喝啤酒！蟑螂尤其喜欢吃香甜油腻的面食，因此点心的碎屑很容易引来蟑螂。香麻油对蟑螂也具有很大的诱惑力，因此蟑螂还有“偷油婆”的绰号。

蟑螂还能吃腐败的有机物，一些种类的蟑螂还吃植物。

此外，蟑螂也常咬食一些物品，比如棉毛制品、皮革制品、纸张、书籍、肥皂、电线等，非常讨厌。多只蟑螂“合作”，甚至能咬死动物。

当处于恶劣的环境条件下，无食又无水时，蟑螂间还会发生互相残食的现象，大吃小，强吃弱。

触角

触角细长，呈鞭状，可达100多节，上面有复杂灵敏的振动感觉器。

口器

为咀嚼式口器，上颚呈扇形，交叠时像把剪刀，碾碎硬物时仿佛老虎钳。

复眼

复眼很大，能够观察物体的轮廓。

头部

头部小且向下弯曲，活动自如。“Y”字形头盖缝明显，大部分为前胸覆盖。

胸部

前胸发达，背板椭圆形或略呈圆形，有的种类表面具有斑纹；中、后胸较小，不能明显区分。

腹部

腹部扁阔，分为10节。第6、7节背面有臭腺开口，能发出恶臭味来熏跑敌人。第10节背板上生有一对儿分节的尾须。雄虫的最末腹板生有一对儿腹刺，雌虫无腹刺。

翅膀

前翅革质，左翅在上，右翅在下，相互覆盖；后翅膜质。少数种类无翅。

请把蟑螂和它的食物准确连线

蛀食树木的天牛

观察笔记

食物： 花粉、嫩树枝、树叶木材等

居住地： 木材厂或松树、柳树、柏树、核桃树等树木上

天牛的长相可是“威风凛凛”啊！它的身体是有光泽的黑色，上面有小小的白点，黑白分明，很是好看。在它的头上，两个有分节的触角长长地伸出，长度常超过身长，活像京剧里大将军头上戴的雉鸡翎。

天牛比较喜欢咬食树木的嫩枝皮层，这就给树木带来了危害。天牛幼虫喜食树干和树枝，如果树木内部遭受天牛幼虫的蛀蚀钻坑，就会阻碍树木的正常生长，削弱树势，缩短树的寿命。

在树木受害严重时，甚至会迅速枯萎与死亡。很多树木都是天牛的食物，被天牛蛀蚀的树木容易引起其他害虫及病菌的侵入。

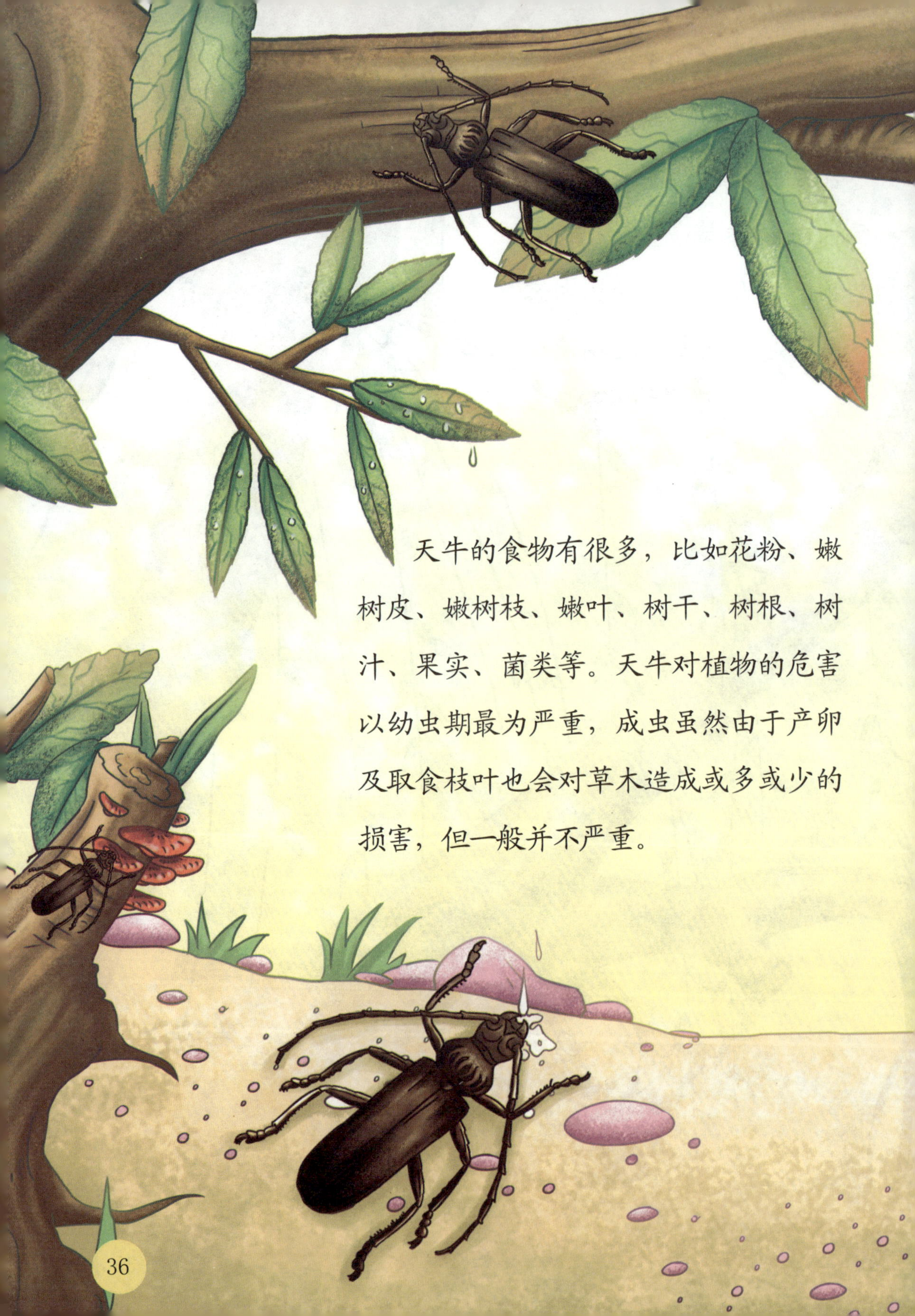

天牛的食物有很多，比如花粉、嫩树皮、嫩树枝、嫩叶、树干、树根、树汁、果实、菌类等。天牛对植物的危害以幼虫期最为严重，成虫虽然由于产卵及取食枝叶也会对草木造成或多或少的损害，但一般并不严重。

可见，天牛虽然像牛一样有一对儿很漂亮的触角，名字里也带个“牛”字，却并不像牛那样勤勤恳恳，帮助人类，而是一个危害草木、破坏环境的坏蛋。

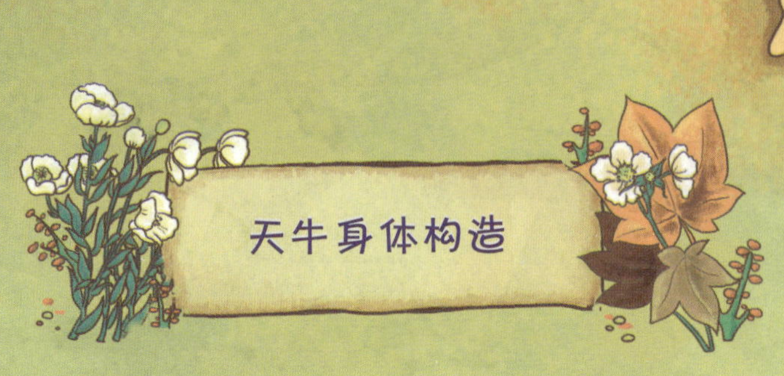

天牛身体构造

复眼

复眼突出，复眼中的“小眼”根据种类有所不同。一般小眼面粗的，多在晚上活动，有趋光性；小眼面细的，多在白天活动。

口器

有些种类的天牛为前口式，有些则为下口式，都可以很轻松地啃咬树皮和树枝。

触角

触角极长，基部有瘤状突起，使触角能够向各个方向自由转动。触角上还有感觉器。

头部

有些品种的天牛头部扁阔，有些则呈长椭圆形，能够缩入前胸背板很深。

胸部

胸部生有3对儿足，爪通常呈单齿式，少数呈附齿式，便于抓住树枝。中胸背板常具有发音器，能发出声音。

腹部

腹部光滑，呈长圆形，成虫的生殖器官在腹部。

翅膀

有一对儿鞘翅，一对儿内翅。飞行时鞘翅张开不动，由内翅扇动飞翔。

请把天牛和它的食物准确连线

喜欢在垃圾堆里
生活的苍蝇

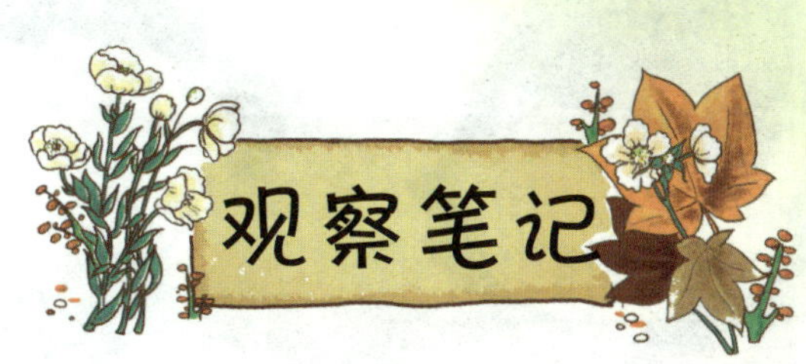

食物： 腐烂的食品、排泄物等

居住地： 户外垃圾场、卫生较差的环境

苍蝇论个头儿跟蜜蜂差不多大小，但远远比不上蜜蜂勤奋、干净，很让人讨厌。它是垃圾堆里的“常住居民”，尤其喜欢在人或畜的粪、尿、痰、呕吐物以及尸体等处爬行觅食，身上沾附着大量的病菌。它又常常飞到人体、食物、餐具上停留，停落时就会不停地搓动前足，附着在它身上的病菌就会污染食物、传播疾病。

苍蝇的食性取决于其种类，并不是所有的苍蝇都吃粪便垃圾。有些种类的苍蝇吃花蜜和植物汁液，还有些种类的苍蝇则专门吃人、畜的血液或动物创口的血液和眼、鼻分泌物。

我们常见的苍蝇，比如家蝇、大头金蝇、丝光绿蝇等都属于杂食性蝇类，不太“挑食”，畜禽分泌物与排泄物、厨房下脚料及垃圾中的有机物等都能吃，尤其偏好糖、醋、腥等气味。

苍蝇有个很恶心的习惯，那就是“边吃、边吐、边拉”。它在吃东西的时候会先吐出一种液体来溶解食物，也因为在进食时会吃进对自己不利的细菌，所以苍蝇“边吐边吃”的方法有助于迅速排出细菌。苍蝇排便速度也很快，有人做过观察，在食物较丰富的情况下，苍蝇每分

钟要排便4至5次。

苍蝇为什么喜欢搓两只前足呢？这是因为它的味觉器官不在头上脸上，而是在足上，所以苍蝇飞到食物上时，需要先用足上的味觉器官去尝尝食物的味道如何。

苍蝇很贪吃，又喜欢到处飞，见到食物就用足尝，因此足上沾有很多食物，这样既不利于它的飞行，又阻碍了它的味觉，所以苍蝇把两只前足搓来搓去，是为了把足上的食物搓掉。

苍蝇身体构造

触角

触角很短，上面有灵敏复杂的感受器，相当于苍蝇的“嗅觉器官”，能感受到很远的地方传来的气味。

口器

像大象鼻子一样的舐吸式口器，是大部分蝇用来取食液体食物的利器。

头部

头部为圆形，上面有2只突出的大眼睛和触角。

复眼

复眼包含约4000个可独立成像的单眼，几乎能看清360度范围内的物体。

胸部

胸部生有3对儿足。前足上有味觉器官，每个爪尖有爪垫盘，且能分泌一种脂性物质，使苍蝇能够吸附甚至倒悬在光滑的表面上。后背和足上都有茸毛，能携带大量细菌。

腹部

腹部有灵敏的感受器，能探测到气流的移动，具有保护自己的作用。

翅膀

一对儿短翅，能快速飞动。

请把苍蝇和它的食物准确连线

为什么说金龟子是可爱的“铜纽扣”

观察笔记

食物：果树的叶、花、芽及果实等

居住地：果树的树枝上

金龟子的外形一般都很可爱，多为圆形或椭圆形，体壳坚硬，表面光滑，有很多种颜色，还带有金属光泽。有些黄绿色、金色的金龟子，看上去就像一颗圆圆的、闪亮的铜纽扣。可是，金龟子却是一种对果树造成危害的害虫哟。

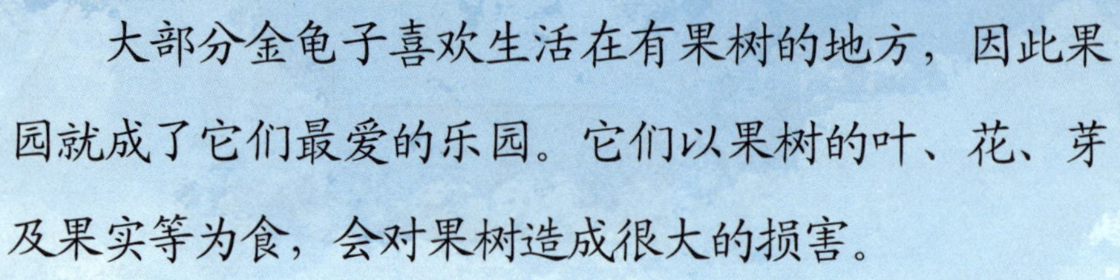

大部分金龟子喜欢生活在有果树的地方，因此果园就成了它们最爱的乐园。它们以果树的叶、花、芽及果实等为食，会对果树造成很大的损害。

一只金龟子很快就能将一片果树的叶子咬得满是网状孔洞，严重时仅剩叶脉。成群的金龟子对果树的危害更大，会造成果树的严重减产。

金龟子的幼虫是乳白色的，生活在果树树根旁的土壤中，喜欢啮食植物的根和块茎或幼苗等地下部分，为主要的地下害虫。有些种类的金龟子还喜欢以一些农作物为食，比如大豆、花生、甜菜、小麦、粟、薯类等作物。

因为金龟子乖巧可爱的外表，很多人喜欢把它养在纸盒里观赏，只需要给它吃梨或苹果等水果的皮就可以。如果是发酵了的果皮，带点酒味的话，金龟子就更爱吃了。此外，也可在树枝的外皮上涂点蜜糖水，让它爬到上面吸食，这也是比较省事的做法。

但大家要知道，我们判断一种昆虫是益虫还是害虫，要以它是否会危害环境、损害作物为评判标准，可不能以它的外表是否可爱漂亮来判断呀。

金龟子身体构造

口器

口器为咀嚼式，便于咬食固体食物。口器上还有一撮毛，便于吸食植物流出的汁液。

复眼

复眼很小，由小眼组成，每个小眼都能独立成像。

胸部

胸部生有3对儿足，足的末端有钩刺，能牢牢抓住树皮。

头部

头部为圆形，上面有2只突出的大眼睛和触角。

腹部

腹部长圆形，腹部末端与鞘翅后翼相互摩擦，可以发出声音。

翅膀

前翅坚硬，后翅膜质。很多种类的翅膀具有金属光泽或彩色斑纹，擅长飞行的下翅缩藏在鞘翅下方。

请把金龟子和它的食物准确连线

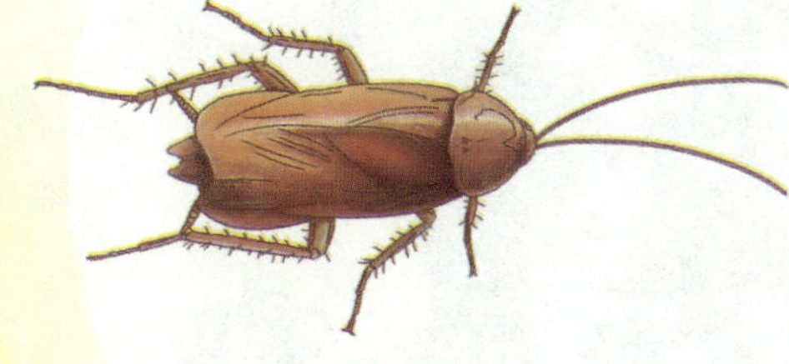

大栗鳃金龟
为什么被叫作“小巨人”

食物：松、杉等植物

居住地：树林中、庄稼地里

大栗鳃金龟多为黑色、黑褐色或深褐色，体形多为圆形或卵圆形，非常粗壮。它的身上有一些斑纹，还有些种类具有很漂亮的光泽。大栗鳃金龟是林木、农作物、牧草的主要害虫，尤其对林木具有危害，严重影响林木的生长，对森林资源的安全造成巨大威胁。

就像金龟科的其他种类一样，大栗鳃金龟的外观看起来也是挺可爱的。它属于大中型昆虫，颜色多为黑色或黑褐色，还闪耀着墨绿色的金属光泽，显得很神气。

但你千万不要被它的外表迷惑，它以树木、农作物的枝叶、根茎为食，是严重危害树木和农作物生长的害虫。大栗鳃金龟的成虫主要以云杉、杉树或桦树的树叶和躯干为食，对树木的生长造成危害；幼虫则以马铃薯、甜菜等作物的根茎为食，被它们啃咬过的农作物根本无法生长，农民伯伯只能重新播种。

如果大栗鳃金龟的幼虫在农田里大量生长，就会成片地损害农作物，造成减产，严重时甚至会导致农作物颗粒无收。

大栗鳃金龟主要生长于我国的北部地区，比如东北三省、山西、河北等地，因为这些省份种植着成片的甜菜、马铃薯等作物，这些可都是大栗鳃金龟喜爱的食物，因此这些地方的农民都会格外注意防范。

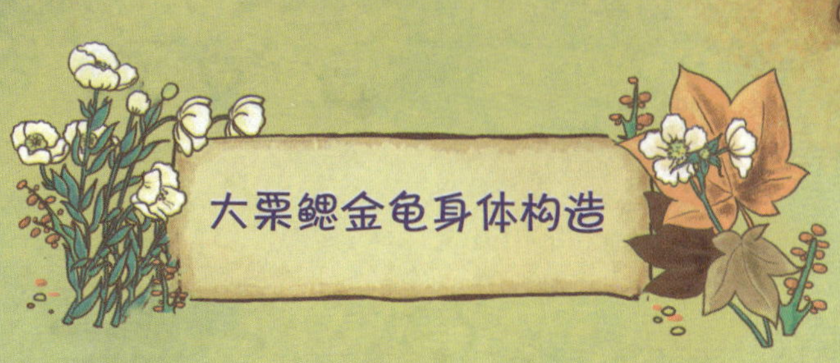

口器

口器为咀嚼式，生有唇须，便于吮吸树木的汁液。

复眼

复眼很小，视觉敏锐，便于在夜间活动。

胸部

胸部生有3对儿足，前足胫节外缘有锯齿，爪下有一个垂直生爪齿，便于抓住树皮。前胸背板通常宽大于长，基部等于或稍窄于鞘翅基部，中胸后侧片于背面不可见。

头部

头阔大，唇基长，呈长方形。头部密布小刻点，刻点上有密而直的茸毛。

翅膀

有一对儿鞘翅、一对儿内翅。鞘翅是棕色或褐色，鞘翅边缘为黑色。

腹部

腹部为圆形，有白色茸毛，臀板宽大。腹部有气门。

请把大栗鳃金龟和它的食物准确连线

蚊子还真是个讨厌的“吸血鬼”

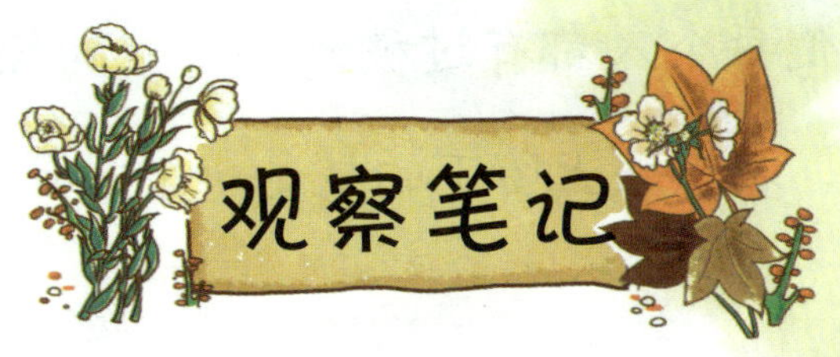

食物：雌蚊吃人或动物的鲜血，雄蚊吃花蜜和植物汁液

居住地：室内光线阴暗处、不流动的水洼、草丛

大家对蚊子一定都不陌生，而且几乎都被它咬过。夏天的夜晚，在户外乘凉时经常会有蚊子“嗡嗡”地在你身边飞来飞去，不叮你几个包不罢休。它们不仅吸食鲜血，还会传播疾病。据研究，蚊子传播的疾病有八十多种。在地球上，再没有哪种昆虫比蚊子对人类的危害更大了。

我们每个人都有过被蚊子叮咬的经历。当蚊子吃饱喝足离去时，在皮肤上留下的就是一个痒痒的肿包。

蚊子还会“挑食”，专门找合乎“口味”的鲜血来吸，蚊子叮人是有选择的，能为蚊子带来丰富胆固醇和维生素B的人最受蚊子青睐。

胆固醇和维生素B这两种物质是蚊子等令人讨厌的昆虫生存所必需的营养，但它们自己的身体是不能产生的，因此就需要通过吸取血液来获得。

蚊子头上的刚毛对湿度和温度都比较敏感，所以它们喜欢叮咬爱出汗又不经常洗澡的人。

呼吸频率过快或者穿深色衣服的人，也会受到蚊子的青睐。蚊子还喜欢叮咬那些新陈代谢快的人，因此小孩子特别是婴儿常会遭到蚊子的叮咬。

蚊子身体构造

触角

触角分节，节之间有轮毛，是蚊子用来寻找食物的工具。

头部

头部为半球形，上面长着触角和刚毛，有感知作用。

翅膀

蚊子只有一对儿翅膀，另一对儿退化为平衡棒。一般蚊子飞行时每秒翅膀震动594次左右，因此我们才会听到蚊子的“嗡嗡”声。

复眼

复眼能感知紫外线。蚊子的视觉与人类不同，我们看不见的光，对它们来说有可能是耀眼的光源。

口器

口器为刺吸式，用来吸食花果的汁液，或者动物、人类的血液。

胸部

胸部分前胸、中胸和后胸，中胸、后胸各有一对儿气门。蚊子就是通过胸部的气门来呼吸的。

腹部

腹部分11节，第一节不易辨识；2至8节比较明显。雌蚊腹部末端有一对儿尾须，雄蚊则为钳状的抱器。

请把蚊子和它的食物准确连线

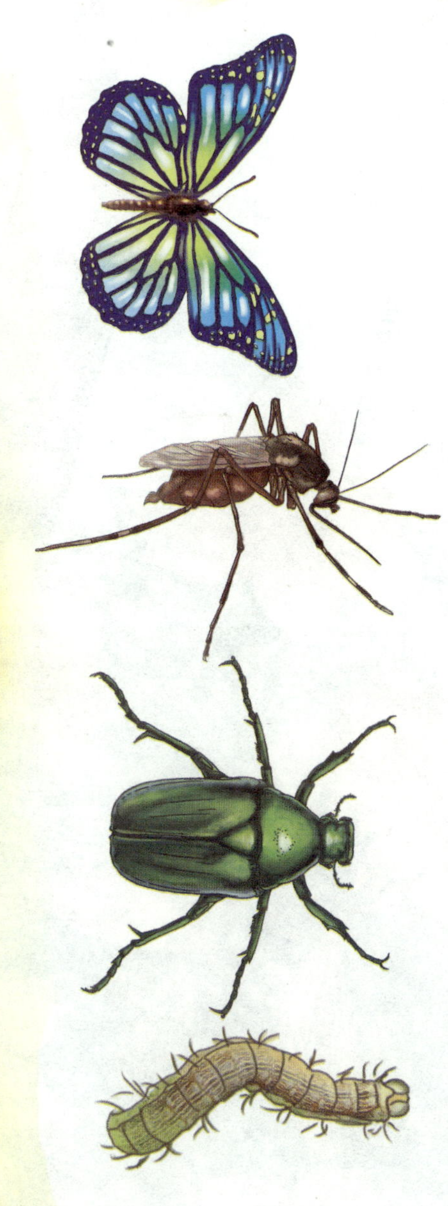

果蝇最喜欢腐烂的水果了

食物： 腐烂的水果或植物

居住地： 垃圾箱、菜市场

果蝇的分布非常广泛，并且在人类的居室内过冬。由于它体形小，很容易穿过纱窗，因此在居家环境内也很常见。果蝇是小型蝇类动物，体长只有几毫米。它喜欢在腐烂的水果上飞舞，所以被称为果蝇。实际上它喜欢的是腐烂水果发酵产生出的酒，所以酒发酵池前也会引来很多果蝇，古希腊人称果蝇为“嗜酒者”。

果蝇存在于全球的温带及热带地区，除了南北极外，现在已经发现了一千多种果蝇物种。果蝇是一种繁殖比较快的昆虫，而且很容易饲养。

很多科学家都将果蝇作为模式生物，用它做各种生物实验。所以，在生命的科学发展史上，果蝇还做出了很多贡献呢！

那么，果蝇吃什么呢？由它的名字我们可以猜出，果蝇应该和水果有关系吧。没错，果蝇最喜欢吃的食物就是腐烂的水果，所以我们在果园内经常能看到它们的踪迹。

除了腐烂的水果外，果蝇还会以一些植物体为食，还有一少部分食用真菌、树液以及花粉。假如你在垃圾箱旁或者腐烂的水果上，看到有很多红眼睛的小蝇子，那一定是果蝇了。就连果蝇的幼虫都习惯生长在垃圾堆或者腐烂的水果上呢！

触角
很短，长在红色的眼睛之前，能够识别气味。

口器
舐吸式口器，用来吮吸食物的汁液。

复眼
有一对儿硕大的红色的复眼，能够辨认物体的大小轮廓。

头部
很小，由纤细的颈部与身体相连，转动灵活。

胸部
生有足3对儿，翅一对儿。雌虫和雄虫的前足形状不一样。

腹部
有黑色的环纹，雄虫的腹部末端有黑斑，雌虫则没有。

翅膀
一对儿，能够灵活地改变方向。

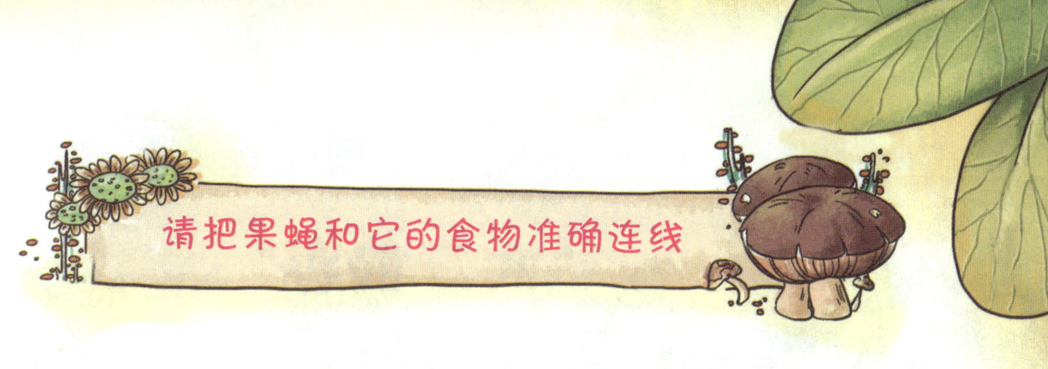

请把果蝇和它的食物准确连线

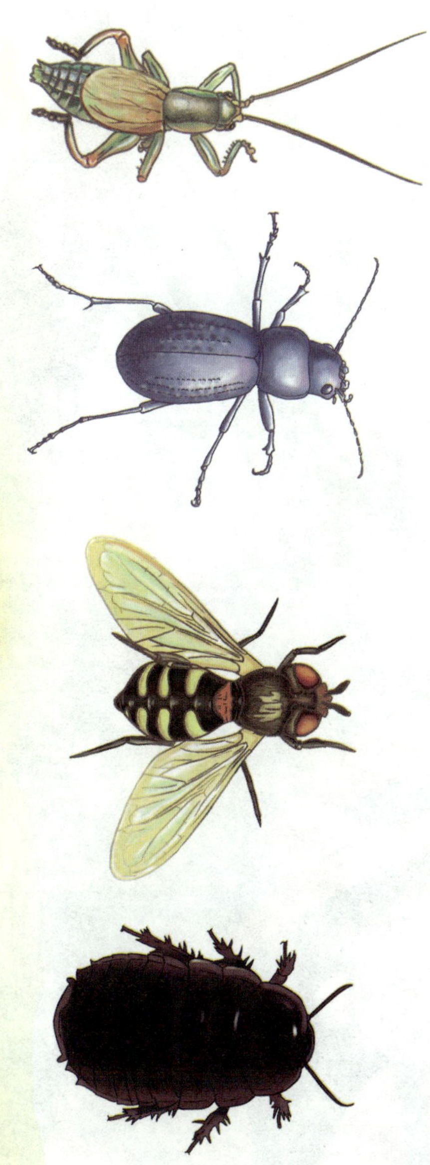

“大刀侠客”
螳螂

食物： 各类昆虫和小动物

居住地： 田间、树林、灌木丛

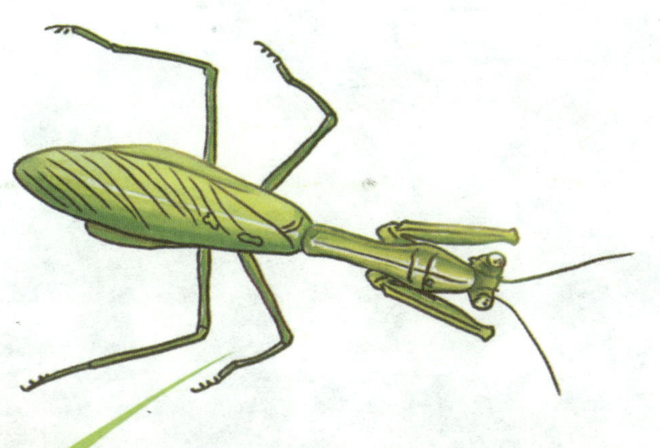

螳螂虽然体形不大，但绝对称得上“绿林好汉”。螳螂是肉食性昆虫，非常好斗，它那对大镰刀状的捕捉足非常厉害，很多农林害虫都丧生在它的“大刀”之下，因此螳螂是益虫，是保护树木和农作物的“大刀侠客”。

螳螂常见于田间和灌木丛中，体表多为植物一样的绿色，或树枝一样的灰褐色、黄褐色，这是它的保护色。螳螂还会“拟态”，即伪装成绿叶或者褐色的枯叶、树枝等。这种技能不仅能让它有效地躲过天敌，还能让它在接近或等候猎物时不易被发觉，有助于它猎捕食物。

螳螂是肉食性昆虫，会有选择性地捕食很多种昆虫，特别喜欢吃运动中的小虫，这个口味习惯让它锻炼出了高超的捕食技能。

它有着能够灵活转动的头部，有能敏锐发现小虫的眼睛，有粗壮有力的镰刀形前足，上面还有勾刺，能将运动中的小虫牢牢钳制住。螳螂这一系列的捕食动作非常灵敏，捕食时所用时间仅有0.01秒。雌性螳螂的食欲、食量和捕捉能力均大于雄性螳螂，有时甚至会发生雌虫吃掉雄虫的事件。

螳螂捕食的小虫都是林业、农业中的害虫，因此螳螂是益虫。一只螳螂一年能够吃掉数以千计的害虫。可以说，螳螂在田间和林区为保护庄稼和树木做出了很大贡献，是庄稼和树木的朋友，也是人类的朋友，我们应该好好保护它。

螳螂身体构造

触角

触角一对儿，上面有感觉器，能感受周边环境。

口器

为咀嚼式口器，上颚强劲，能咬死坚硬的小昆虫。

头部

头部为三角形，活动自如。颈部可自由转动。

复眼

复眼突出，大而明亮。此外还有3个单眼，能准确辨认物体的大小远近。

胸部

胸部细长，生有3对儿足，2对儿翅。前足是粗壮的镰刀状捕捉足，上面有刺，能牢牢钳住猎物；中后足适于行走。后足上有听觉器官。

腹部

腹部肥大，腹面有沟，腿部的末节可以缩到沟里。

翅膀

翅膀2对儿。前翅皮质，为覆翅，缺前缘域；后翅膜质，扇状，休息时叠于背上。

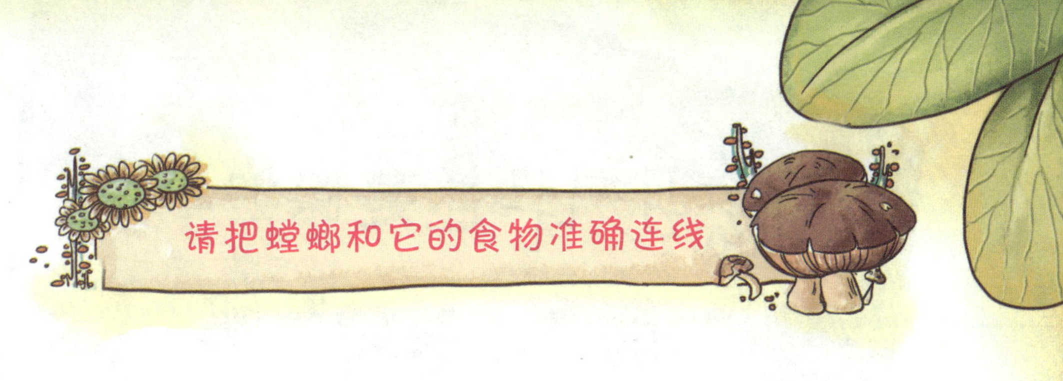

请把螳螂和它的食物准确连线

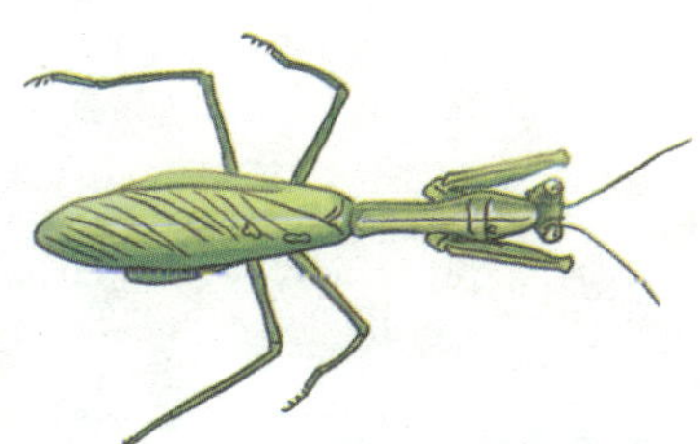

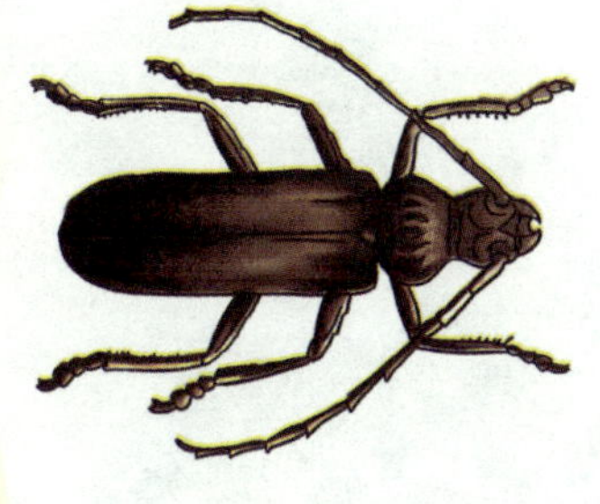

麻步甲还是保护草木
的“小英雄”呢

食物：蜗牛、菜青虫、毛毛虫等

居住地：灌木丛、树林

麻步甲有黑色和蓝黑色两种颜色，一般长为16至24毫米，宽为9.8至11毫米，在昆虫里面算是“大个头儿”了。麻步甲看上去粗粗胖胖的，显得很强壮。这种大型昆虫一般生活在灌木丛或是树林里，靠捕捉一些小昆虫为食。这些小昆虫都是啃咬草木、危害草木生长的害虫，因此麻步甲间接地保护了草木，属于益虫。

麻步甲一般在夜间出来活动，虽然有翅膀，但并不喜欢飞行，而是喜欢甩开细长灵活的长足，飞快地奔跑。

麻步甲最喜欢吃昆虫，比如毛虫、菜青虫等。这些小昆虫都是以花草树木的叶子为食的，所以，麻步甲可以说是保护草木的“小英雄”呢！

麻步甲的身体强壮，“武器”也比较厉害，有宽短的上颚，还有粗大的牙齿，这些都成为它捕捉昆虫、啃咬硬东西不可缺少的工具。麻步甲也很爱捕捉蜗牛，它的这些工具可以帮助它咬开蜗牛那坚硬的壳，然后享受里面柔软的肉。

在遇到危险时，麻步甲会装死躲避敌人。有些种类的麻步甲还能从尾部分泌出一种难闻的液体，让鸟类不敢吃它们。

还有些麻步甲的尾部有毒囊，能喷射出有毒的液体。这种液体沾到人的皮肤上，会让人起疱，因此在观察它的时候一定要小心。

麻步甲主要分布在我国的北京、河北、河南等地。它对保护农作物、保护花草树木有很大的功劳，是益虫，所以我们应该好好保护它。

触角

触角一对儿，上面有灵敏的感觉器。

口器

上颚较短宽，内缘中央有一个粗大的齿，这种形状的口器使它能咬开蜗牛坚硬的壳。

复眼

复眼一对儿，能看清很大范围内的物体。

头部

头部上密布着细刻点和粗皱纹。

腹部

腹部扁圆，尾部尖。有些种类在遇到威胁时，能从尾部喷射出有毒液体以赶跑天敌。

胸部

前胸背板宽大于长，最宽处在中部之前；生有3对儿足，一对儿鞘翅，一对儿内翅。

翅膀

鞘翅卵圆形，翅面密布大小疣突。

请把麻步甲和它的食物准确连线

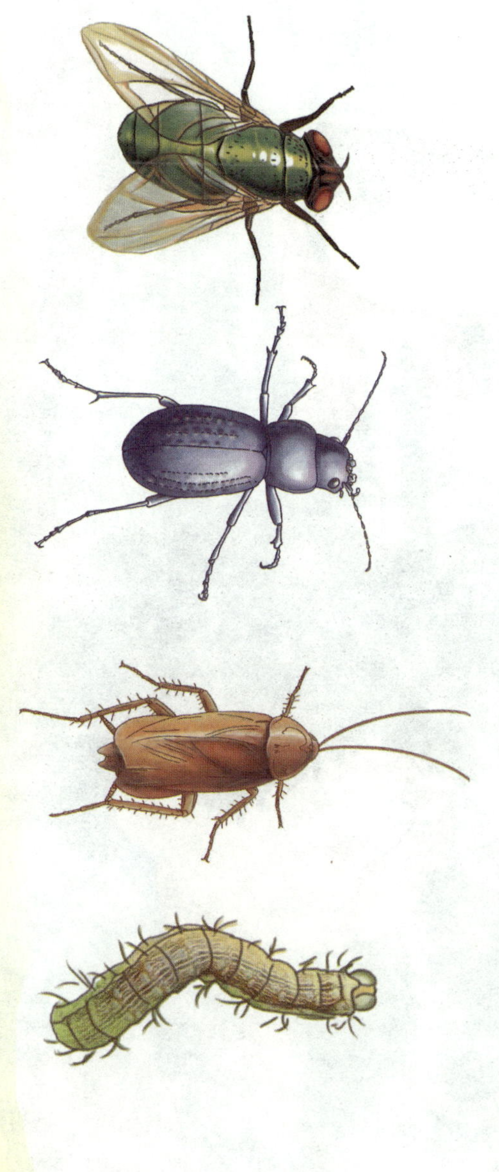

白蚁吃的东西还真多呀

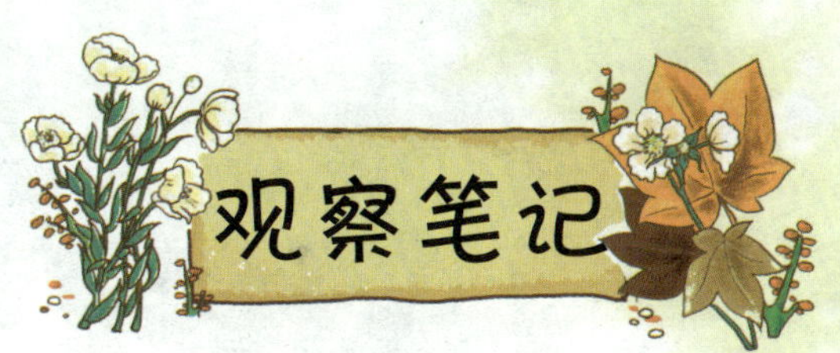

食物： 小昆虫、树木、树叶等

居住地： 庭院墙角、干枯树木、活的树木

白蚁和蚂蚁一般都被称为蚁。我们看到的白蚁通常体形很小，而且比较柔软。白蚁对农作物尤其是对甘蔗危害很大。同时，它们对树木和建筑物也有很大危害，特别是对于堤坝的安全危害更大。人们很讨厌它们，采用各种办法消灭它们。

白蚁喜欢蛀食木材，它所摄取的营养物质也主要来源于植物和木材的纤维素。但白蚁并不是什么木材都吃的，在食料极为丰富的情况下，它也会“挑食”，偏爱富含糖分、淀粉，有芳香气味的植物。因柚木、铁木、苦楝、荔枝、柏木以及用它们制作的物品白蚁是不吃的，所以这些木材常被用来做船和贵重家具。

不同种类的白蚁所爱好的食物也不同。有些白蚁喜欢吃松木和杉木，但很少取食活的松树和杉树，而是吃松杉木材；有些白蚁嗜好樟树和杉树的皮层，但对槐树、杨树、桃树则喜食树心。

白蚁能吃纤维素，但并不完全靠自己的能力来消化纤维素。它依靠的是肠内数量巨大的单细胞生物和细菌。在这些微生物的协助下，白蚁才能使纤维素消化转变为身体可以吸收利用的物质。

白蚁（兵蚁）身体构造

触角

触角为念珠状，就像是一串佛珠。白蚁靠触角辨别气味，也靠触角沟通。

口器

为咀嚼式口器。

头部

头部上长有触角。

胸部

胸部和腹部的交接位置不明显，看起来就像是一体的。

腹部

腹部和胸部差不多，但要比胸部更长一些。

翅膀

白蚁分为长翅型、短翅型和无翅型三种，长翅型的白蚁在繁殖的时候可以在蚁穴附近短时间飞行。

请把白蚁和它的食物准确连线

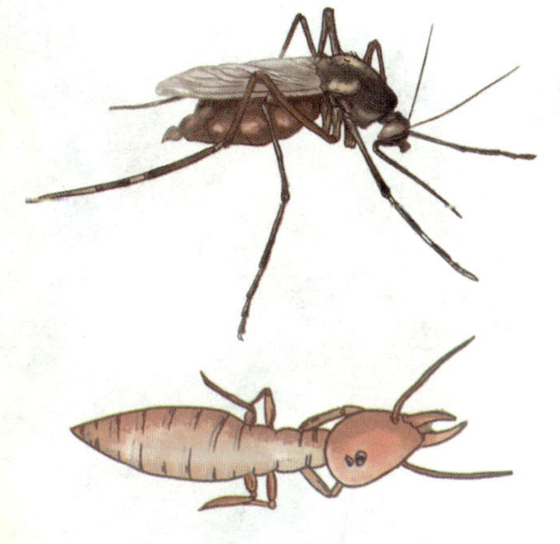

蝴蝶真是漂亮的
“花园精灵”呀

食物： 植物叶子、小昆虫、花蜜等

居住地： 植物的枝叶上

蝴蝶因为其亮丽的外表常受到人们的欢迎和赞美。蝴蝶的美丽色彩主要归功于覆盖在蝴蝶翅膀上的粉状物，远远看去，就像穿了一件彩色的外衣。可不要小瞧了这件“彩衣”哟，它还能起到伪装、威吓甚至警戒的作用呢！

蝴蝶是花园里常见的一种昆虫，多在白天活动。但是，外表美丽的蝴蝶却不一定是益虫。因为它们的食物不同，所以有的是益虫，有的则是害虫。

有些蝴蝶的幼虫吃杂草或者野生植物的叶子，这些蝴蝶幼虫不会对环境造成多大的危害。但有些蝴蝶幼虫则以农作物的叶片为食，这样就会威胁到农作物的生长。

还有些蝴蝶的幼虫则是肉食性的，喜欢吃蚜虫，这样的蝴蝶就属于益虫了。

蝴蝶幼虫成为成虫后一般就以花蜜为食了。它们在花丛中飞来飞去，在吸食花蜜的同时，也起到了传播花粉的作用，对植物的生长是非常有好处的。

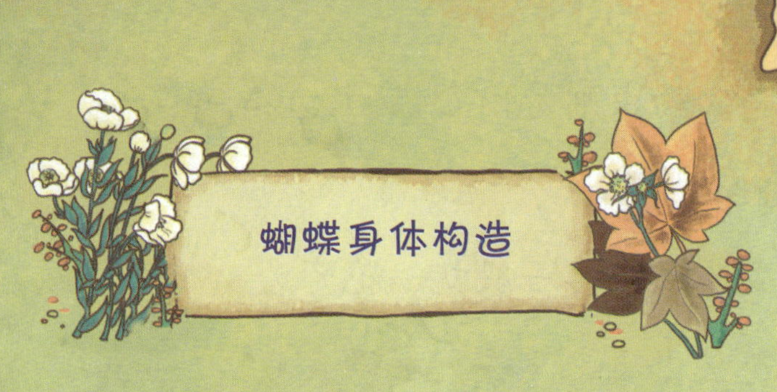

蝴蝶身体构造

触角

触角一对儿，端部各节粗壮，成纺锤状，上面有感觉器，能感知环境，在求偶和取食方面有重要作用。

口器

为虹吸式口器，平时呈螺旋状卷曲，吮吸花蜜时可伸直。

复眼

复眼对光比较敏感，但只能看到黑白两种颜色。

头部

头部圆扁形，能自由转动。

胸部

胸部生有3对儿步行足。

腹部

腹部瘦长。有些种类的蝴蝶有尾须。

翅膀

翅膀2对儿。宽大的鳞翅上面被扁平的鳞状毛覆盖。这种构造使蝴蝶在下小雨的时候也能飞行。

请把蝴蝶和它的食物准确连线

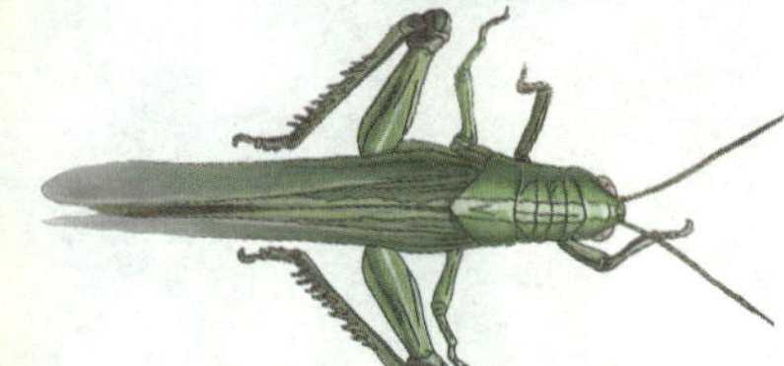

舞毒蛾还是个“美食家”呢

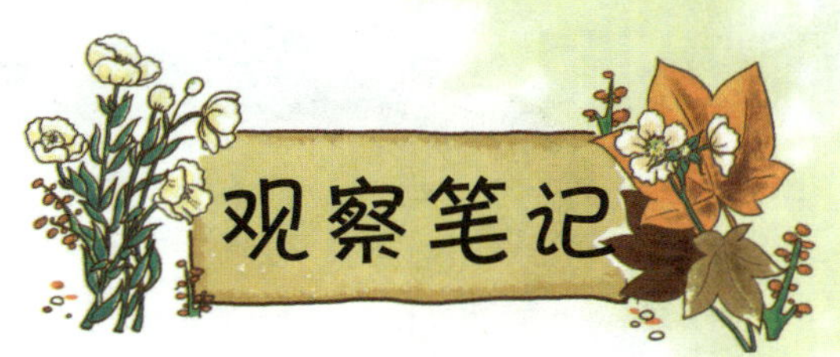

食物： 树叶、嫩芽等

居住地： 杨树、落叶松等植物上

舞毒蛾，是一种让人谈之色变的食叶昆虫。每次舞毒蛾吃完食物后，都会跳上一段独特的舞蹈，因此在它的名字中有一个“舞”字。舞毒蛾身上长有很多刚毛，这些毛的毒性都非常大。人碰到后，皮肤会红肿，正因为这样，一些鸟类也不敢招惹它。因此，它的名字中又有个“毒”字。

舞毒蛾是一种食性杂、分布广的害虫，吃针叶树、阔叶树和杂草等植物。舞毒蛾的幼虫孵化出来后，就能吃树梢上的嫩芽。几乎在一个星期内，一个卵块中的舞毒蛾群就能吃掉整棵树上的所有叶片。

舞毒蛾的卵一般在树皮缝隙或者落叶中越冬，到第二年的五六月时就开始孵化了。孵化出来的幼虫首先会吃掉卵壳，之后群集在叶背处。它们白天的时候不活动，经常在夜间进食，遇到惊扰时，就会吐丝下垂，随风摇荡，就像荡秋千一样，所以又被称为“秋千毛虫”。

当舞毒蛾灾害大面积暴发时，植物的叶片会很快被吃光，那后果可想而知了。林木很难生长，甚至死亡。一片树林就这样被可恶的舞毒蛾毁掉了。

据统计，舞毒蛾取食的植物可以达到500多种，这个数字是不是很惊人啊？

触角

为节膝状鞭节。

头部

头部呈梯形，上有斑纹，很像个“八”字。

背部

背上长有两排毛瘤，颜色鲜艳，有毒素，是用来防身的武器。

腹部

雌性舞毒蛾的腹部很肥胖，飞翔能力要比雄性差。

翅膀

雄性舞毒蛾前翅为茶褐色，外缘呈带状；雌性舞毒蛾前翅为灰白色，脉纹间有黑褐色的斑点。

请把舞毒蛾和它的食物准确连线

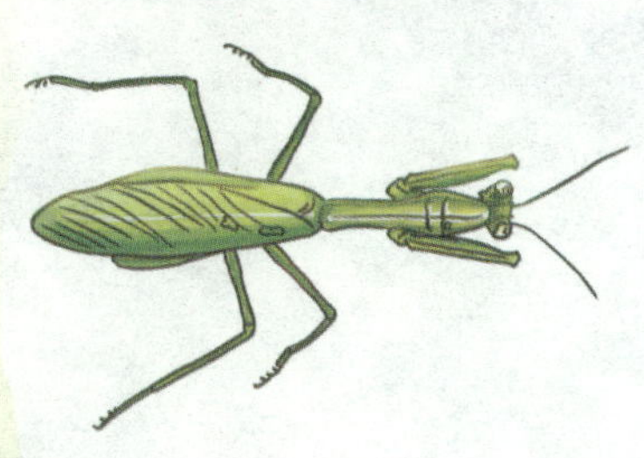

棉铃虫能吃
这么多植物呢

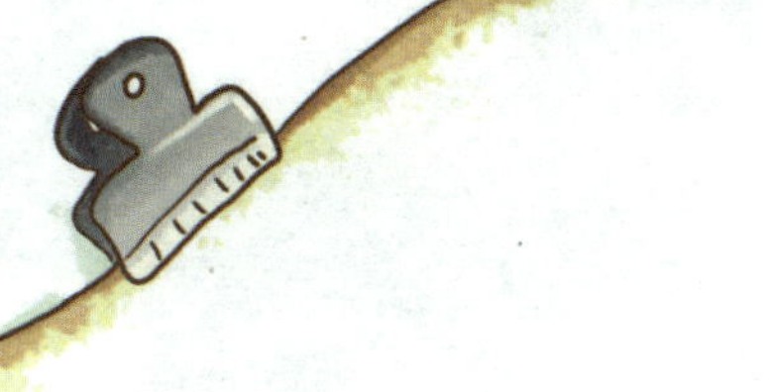

观察笔记

食物：棉花、玉米等植物的嫩叶、花等

居住地：棉花、玉米等植物上

棉铃虫，听到这个名字，大家应该可以猜出，它肯定和棉花有关了。没错，棉铃虫是在棉花蕾铃期时的一种主要害虫。在我国的棉花区经常能看到它的身影。其实，棉铃虫不只危害棉花，也会危害玉米、芝麻、番茄、茄子、辣椒等农作物！

和多数越冬昆虫一样，棉铃虫在进化的过程中能够准确掌握气候等外界环境的变化。一旦栖息的环境不适合或者食物不充足的时候，棉铃虫就会迁飞。

棉铃虫的食物很多，除了棉花外，还有玉米、番茄、向日葵、豌豆和辣椒等，甚至还有很多种杂草，真是丰富啊！据统计，棉铃虫可以取食的植物达200多种。然而，棉铃虫的食物虽然很多，它们对食物却有一定的选择性，比较挑剔。在所有的植物中，棉铃虫最喜欢吃的还是棉花。

棉铃虫成活率比较高，很容易导致灾害。寄生蜂、寄生蝇和鸟雀等是棉铃虫的天敌，对其卵和幼虫会起到一定的抑制作用。

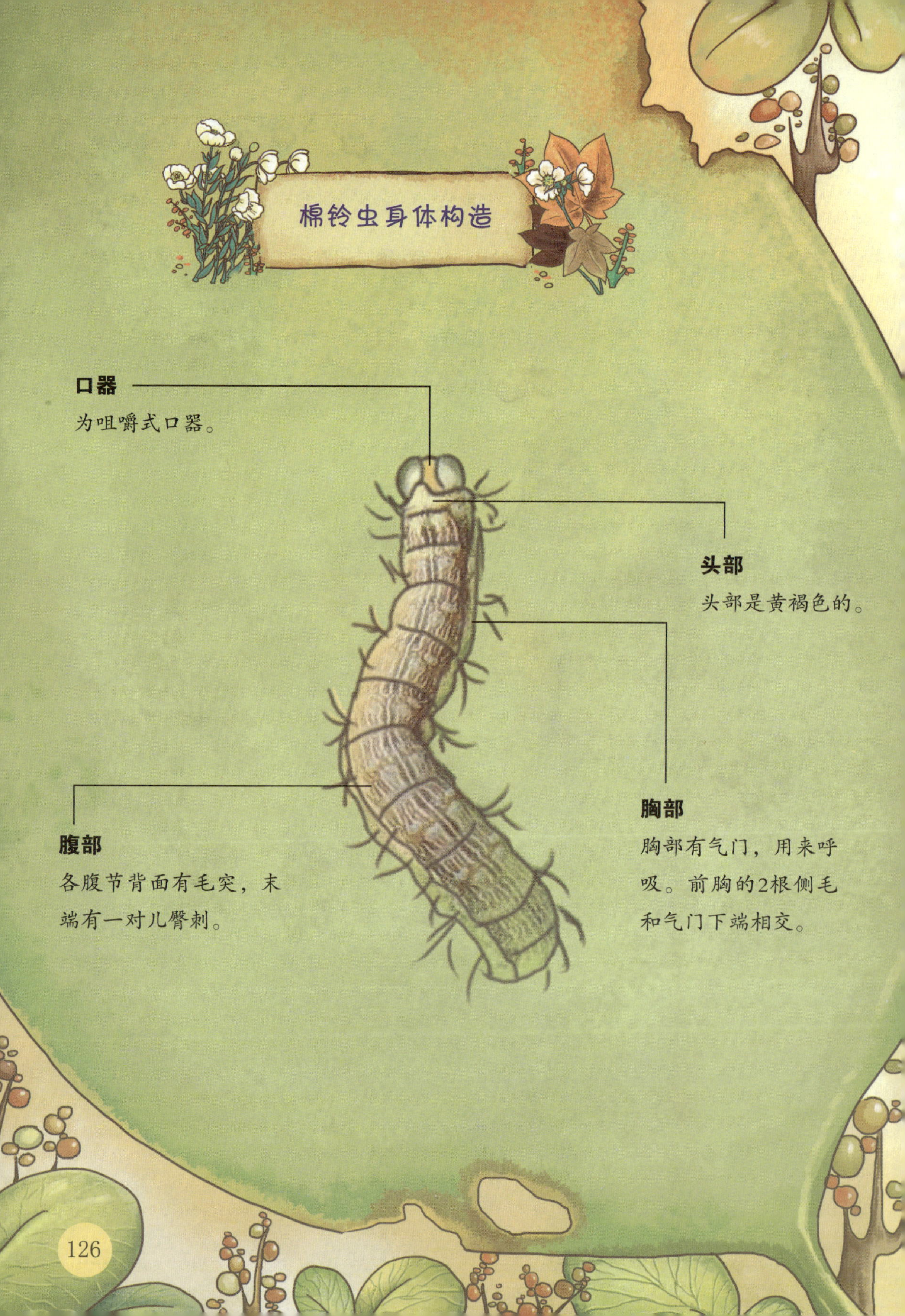
棉铃虫身体构造
口器
为咀嚼式口器。
头部
头部是黄褐色的。
胸部
胸部有气门，用来呼吸。前胸的2根侧毛和气门下端相交。
腹部
各腹节背面有毛突，末端有一对儿臂刺。

请把棉铃虫和它的食物准确连线

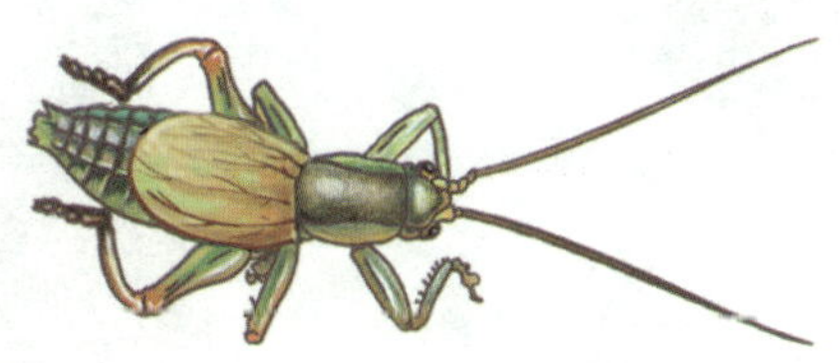

地鳖虫还是
一种药材呢

观察笔记

食物： 蔬菜的根茎叶，瓜类、豆类的嫩芽、果实等

居住地： 阴暗潮湿的、偏碱性的土壤中

地鳖虫有很多名字，比如土鳖、地乌龟、过街、土元等。地鳖虫比较怕光，喜欢阴暗潮湿的环境，所以白天的时候，喜欢躲在自己的“家”里，而到了晚上，则非常活跃，出来寻找食物。它们吃的食物多种多样，可以说丰盛极了。

在我国，地鳖虫有十几种，因为干燥的雌性地鳖虫是一种中药材，有舒筋、止疼、消肿的作用，因此被人工饲养。现代医学证明，地鳖虫对癌症和白血病还有一定的疗效呢！

地鳖虫是一种杂食性昆虫，食物多种多样，比如各种蔬菜的根、茎、叶和花，杂草的嫩叶和种子，豆类、瓜类等的嫩芽、果实等。

如果在家里饲养的话，还可以给它们喂一些麦麸、米糠、豆腐渣以及家畜的碎骨肉的残渣等。

在自然界中，如果食物不足，地鳖虫还会捕食昆虫，甚至发生相互蚕食的现象。

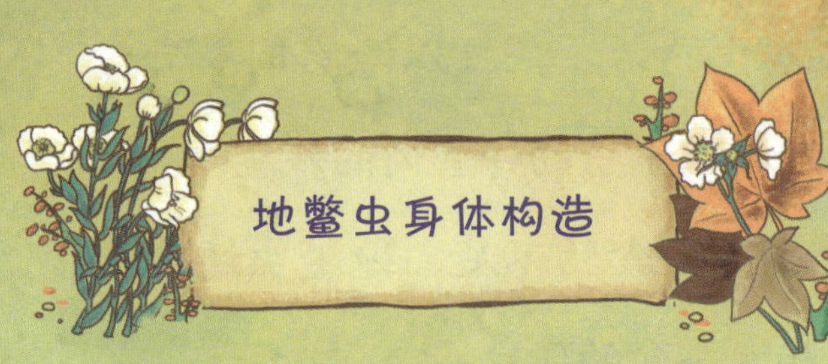

触角

一对儿触角，呈丝状，较长，分为好多节，但会常常脱落。

口器

咀嚼式口器，上颚很坚硬。

复眼

复眼发达呈肾形；有两个单眼。

胸部

胸部前狭后阔，前胸呈盾状；前胸的背板比较发达，能够盖住头部。

头部

头部很小，头向腹面弯曲。

足

有3对儿足，足上有细毛和刺。

腹部

腹部有横环节，腹面呈红棕色。

翅膀

雄虫有2对儿翅膀，雌虫没有翅膀。

请把地鳖虫和它的食物准确连线

蝈蝈也是
杂食性动物呀

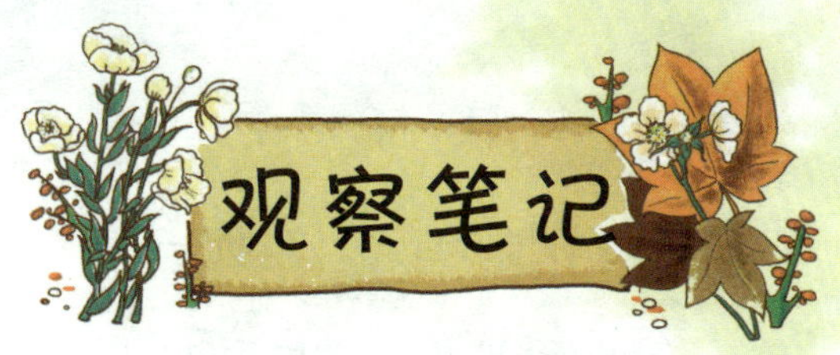

食物： 植物的茎秆、果实，尤其是毛豆

居住地： 灌木丛、庄稼地

大家对蝈蝈应该都不陌生，它可是昆虫“音乐家”中的佼佼者哟。蝈蝈不但善于鸣叫，而且长得也非常漂亮，浑身嫩绿嫩绿的，侧面还有两条淡白色的丝带，苗条匀称。蝈蝈的食性也比较杂，在野外，主要吃植物的茎秆和果实，有时还会捕食小昆虫。

蝈蝈，在不同的地区有不同的叫法，比如在江浙一带，人们称为“叫哥哥”。蝈蝈的体形比较大，外形和蝗虫比较像，身体为草绿色。因为蝈蝈善于鸣叫，很多人将其捕捉后装入笼中供人玩赏。

蝈蝈不但鸣叫声比较好听，还善于跳跃，平时就隐藏于草丛、灌木丛中，或者在植物的茎秆上栖息、觅食。但你知道吗，蝈蝈却是一种害虫！

蝈蝈是一种杂食性昆虫，吃的食物很多，主要的食物是植物的茎、叶、瓜、果，可以说是危害农作物的主要害虫之一。除了这些食物外，蝈蝈还吃瓜果、豆类以及各种小的昆虫。蝈蝈不但吃的食物多，食量也很大。

如果你将火腿肠、瘦肉喂给蝈蝈吃，它们也会吃得特别香。这样看来，蝈蝈还真是一个名副其实的杂食性昆虫啊！

蝈蝈身体构造

触角

触角是褐色的，呈丝状，长度超过身体，是蝈蝈的触觉器官，能够感觉温度，水源、食物的位置，以及探测周围的环境是否有危险。

口器

咀嚼式口器，由上下唇、上下颚及舌等部分组成。

复眼

复眼呈椭圆形。复眼前方有3个单眼。

头部

蝈蝈的头部很大。

胸部

前胸背板呈盾形，能盖住中后胸。

腹部

腹部膨大，肚子呈圆鼓状。

翅膀

翅膀分为发达的、不发达的或消失的。有翅膀的雄性在前翅附近有发音器，通过左右两翅摩擦而发出声音。

足

蝈蝈有3对儿足，长而发达，尤其后足；擅长跳跃，它们常通过快速弹跳的方法躲开敌害。前足的腔节基部有听觉感受器。

请把蝈蝈和它的食物准确连线

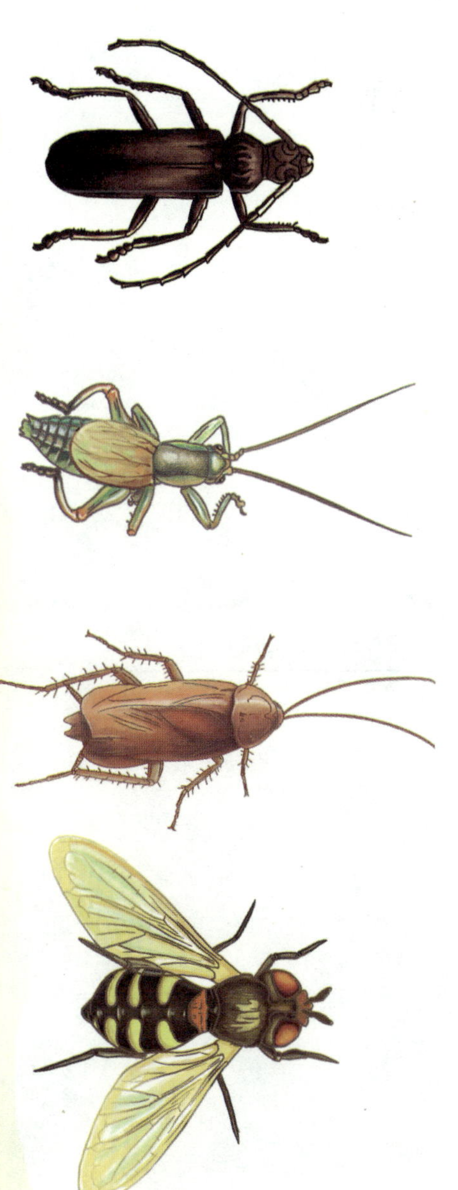

图书在版编目（CIP）数据

昆虫学校秘密档案．错综复杂食物链 / 纸上魔方编绘. -- 长春：北方妇女儿童出版社, 2020.1（2025.8重印）
ISBN 978-7-5585-2162-1

Ⅰ.①昆… Ⅱ.①纸… Ⅲ.①昆虫－儿童读物 Ⅳ.①Q96-49

中国版本图书馆CIP数据核字（2018）第019078号

昆虫学校秘密档案·错综复杂食物链
KUNCHONG XUEXIAO MIMI DANG' AN CUOZONGFUZA SHIWULIAN

出 版 人　师晓晖
策 划 人　陶　然
责任编辑　石晓磊
开　　本　700mm × 1000mm　1/16
印　　张　9
字　　数　100千字
版　　次　2020年1月第1版
印　　次　2025年8月第6次印刷
印　　刷　河北晔盛亚印刷有限公司
出　　版　北方妇女儿童出版社
发　　行　北方妇女儿童出版社
地　　址　长春市福祉大路5788号
电　　话　总编办：0431-81629600　发行科：0431-81629633

定　　价　20.00元